Obstbaumschnitt

ERWIN PALNSTORFER

Obstbaumschnitt

ALLES, WAS MAN WISSEN MUSS

Servus DAS GROSSE KLEINE BUCH № 031

Inhaltsverzeichnis

Warum schneidet man Obstbäume überhaupt?

Jeder Obstbaum wächst von selbst. Daher stellen sich viele Hobbygärtner auch die Frage, warum man seinen Apfel- oder Birnbaum überhaupt schneiden muss. Welchen Nutzen hat man davon?

Beim Obstbaum handelt es sich um ein von Menschenhand geschaffenes Kulturgut, welches es ohne unser Zutun gar nicht geben würde. Daher bedarf es einer besonderen Pflege, um unsere hohen Erwartungen zu erfüllen. Der Obstbaumschnitt sorgt dafür, dass wir im Sommer und Herbst saftige Äpfel, Birnen, Zwetschken, Quitten, Kirschen und Marillen höchster Güte ernten können – nicht zu viele auf einmal, aber auch nicht zu wenige. Der regelmäßige Schnitt durchbricht die Alternanz. Das ist jene Eigenschaft mancher Apfel- und Birnensorten, wie Boskoop, Jakob Lebel, Summerred, Vereinsdechantsbirne und Gellerts Butterbirne, die Ernteschwankungen verursacht: In einem Jahr trägt der Baum zu viele Früchte, im nächsten fast gar keine. Vor allem aber hält der richtige Schnitt unseren Baum gesund. Denn eine lichte und luftig aufgebaute Krone verhindert Baumkrankheiten. Trocknen die Blätter dank ausreichend Sonnenlicht rasch ab, breiten sich Pilzinfektionen nicht oder weniger aus. Schorf, Mehltau und Monilia haben keine Chance. Besonnte Früchte reifen auch besser und schmecken aromatischer. Der vitale Baum schützt sich selbst am besten gegen tierische Schädlinge, Bakterien und Viren. Ein Baum mit offener Krone und klarer Struktur ist außerdem wesentlich einfacher zu pflegen. Die Lebenserwartung eines regelmäßig geschnittenen Obstbaums ist eine höhere: Ein hochstämmiger Apfelbaum kann bis zu 50 Jahre und länger voll tragen.

DIE VORTEILE DES REGELMÄSSIGEN SCHNITTES SIND:

Keine oder weniger Alternanz
Keine oder weniger Baumkrankheiten
Weniger Schädlinge, wie Läuse, Raupen und Milben
Leichtere Ernte
Einfachere Pflege
Verbesserte Fruchtqualität
Höhere Lebenserwartung des Baums

Ihren Obstbaum schneiden Sie am besten selbst. Denn niemand kennt Ihren Baum besser als Sie, niemand ist ihm näher. Er steht tagtäglich vor Ihren Augen, Sie erleben ihn in allen Jahreszeiten und bauen ein inniges Verhältnis zu ihm auf. Deshalb ist es auch naheliegend, dass Sie den Obstbaum schneiden und pflegen. Jeder

Erwin Palnstorfer bei der Arbeit

Schnitt hat Folgen für den Baum. Diese sind wieder die Grundlage für weitere Schritte Ihrerseits. Niemand könnte – mit ein bisschen Fachwissen – die Entscheidungen besser abstimmen als Sie. Machen Sie Ihre eigenen praktischen Erfahrungen, beobachten Sie und wachsen Sie in Ihre Aufgabe hinein. Sollten Sie dennoch einmal ratlos vor Ihrem Baum stehen, können Sie immer noch einen Spezialisten, einen Baumwart, hinzuziehen.

Steht die Ertragsleistung Ihres Obstbaums im Einklang mit der Wuchsleistung, ist alles in bester Ordnung! Denn ist der Ertrag zu groß, bleibt die Neutriebbildung aus und der Baum vergreist. Altes Holz bringt aber minderwertige Früchte. Investiert der Baum allzu viel in sein Holz, wird er nur wenig Frucht ansetzen und seine Früchte nicht versorgen können. Treibt der Baum stark, wird die Ernte mager ausfallen.

In diesem Buch geht es in erster Linie um den Schnitt der sogenannten Hochstammbäume. Darunter stellt man sich den klassischen Baum mit hohem Stamm, üppiger Krone und ausladenden Ästen vor. Der Kronenansatz liegt beim untersten Ast etwa auf einer Höhe von 160 bis 180 cm. In diese Kategorie fällt auch noch der „Halbstamm", dessen Krone etwa auf „halber" Höhe (ca. 140 cm) ansetzt. Es sind dies die Bäume, unter denen man mit dem Rasenmäher durchfahren kann, ohne sich am Kopf zu stoßen. Nicht behandelt wird der Schnitt der Niederstamm-Obstbäume, auch Buschbäume genannt, der Formobstbäume – das sind die Spaliere –, der Spindeln und anderer Zwergbäume.

Wenn in diesem Buch vom „Hochstamm" und „Halbstamm" die Rede ist, sind alle Obstbäume dieses Aussehens und mit diesen Wuchseigenschaften gemeint, egal welcher Obstart und -sorte sie angehören. Denn das Kernobst (Apfel und Birne) und das Steinobst (Zwetschke, Marille und Kirsche) sind im Großen und Ganzen gleich zu behandeln, sofern es sich um Hoch- und Halbstämme handelt.

Grundlegendes Wissen rund um Obstbäume

DIE ENTWICKLUNGSPHASEN DER OBSTBÄUME

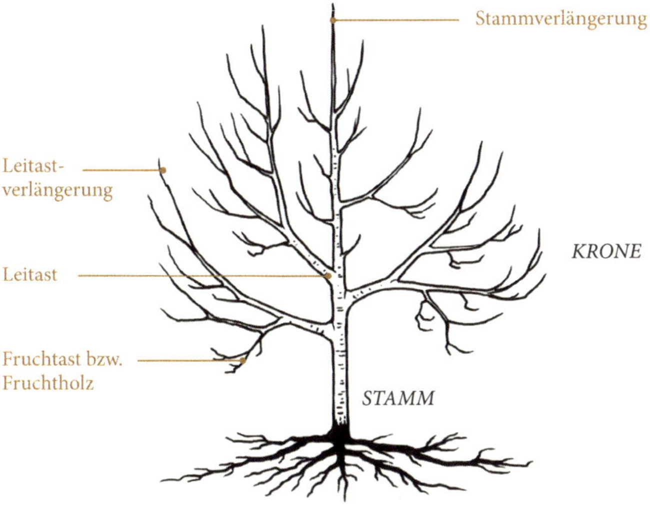

Abb. 1: Aufbau eines veredelten Obstbaumes

Jeder Obstbaum hat eine Jugendphase, in der er nicht oder nur wenig trägt, ehe er in die Ertragsphase und schließlich in die Abgangsphase kommt. Eine schwach wachsende Unterlage verkürzt die Jugendphase, führt also früher zum Ertrag: Schon nach zwei Jahren kann man die ersten Früchte ernten. Sie hat aber den Nachteil, dass dieser Baum rasch altert und mit 20 Jahren vergreist. Ein Baum auf Sämlingsunterlage ist hingegen ein stärker wachsender, kommt aber viel später in den Ertrag, mitunter erst nach zehn oder zwölf Jahren.

DER AUFBAU DER OBSTBÄUME

Von der Unterlage und Sorte

Jeder im Handel gekaufte Obstbaum besteht aus zwei verschiedenen Pflanzen der gleichen Gattung: der Unterlage und der Sorte. In der Baumschule werden der unterirdische Baumteil, also der Wurzelstock, und der oberirdische Teil miteinander kombiniert. Dieser Vorgang des Kombinierens von Unterlage und Sorte heißt „veredeln". So kann es sein, dass eine Quittenwurzel mit einer Birne veredelt wird und eine Zwetschke mit einer Marille.

Der untere Teil ist die Unterlage, der obere Teil die (Edel-)Sorte. Das ist immer so. Nur so kann gewährleistet werden, dass man eine spezielle, gewünschte Sorte kaufen kann. Mit der Sorte erwirbt man einen Baum mit ganz bestimmten Wuchseigenschaften, die durch die Unterlage festgelegt sind: Entweder ist der Baum schwach wachsend oder stark wachsend. Daher muss man sich vor dem Kauf eines Baumes auch immer fragen: Will ich ein Bäumchen für den Balkon oder einen imposanten Baum für den Garten? Eines vorweg: Für jeden Wunsch gibt es den passenden Baum. Ob Ihr Obstbaum aber groß wird oder klein bleibt, hängt von der Art der Unterlage ab. Niemals lässt sich die Baumgröße durch den Schnitt entscheidend verändern. Ein Baum, der stark wächst, kommt spät in Ertrag, ein schwächer wachsender hingegen wird viel früher Früchte entwickeln.

Die kleinen Baumformen wie „Säule“, „Spindel“ und „Busch“ sind ausschließlich auf schwach wachsenden Unterlagen möglich. Aus einem schwach wachsenden Baum wird niemals ein stattlicher Hausbaum, der nicht nur Früchte trägt, sondern auch Schatten spendet. Umgekehrt wächst ein frei stehender Hausbaum immer auf einer stark oder zumindest mittelstark wachsenden Unterlage. Und so eine Unterlage braucht oberirdisch Raum und beansprucht viel Platz, was oftmals vor dem Pflanzen des Baumes übersehen wird.

Mitteltrieb, Stammverlängerung und Leitäste

Das stabile, tragfähige Gerüst des Obstbaums, das er ein Leben lang behält, ist aufgebaut aus seinem Mitteltrieb, der Stammverlängerung und aus seinen Leitästen. Für eine übersichtliche und damit pflegeleichte Krone reichen vier Leitäste. Diese stehen relativ steil, ca. 45 Grad, und in der Höhe versetzt ringsum am Stamm angeordnet. Zu flache Leitäste werden immer wieder Ständer entstehen lassen, allzu steile sind gefährdet, auszubrechen.

Das Gehölz wird einerseits durch die Wurzeln, die Wasser und Nährstoffe aufnehmen, versorgt, andererseits durch die Blätter, die eigene Substanzen, die Assimilate, aufbauen. Der Saftstrom von unten nach oben geschieht in Leitungsbahnen, die am äußeren Rand des verholzten Gewebes liegen. Der Saftfluss der Assimilate von den Blättern zu den Orten der Nutzung erfolgt in Leitungsbahnen, die im Innersten der Rinde liegen.

Von Trieben und Knospen

Und so entwickelt sich der Baum: Er beginnt als Spross, der nach oben wächst und Verzweigungen ausbildet. Die Triebverlängerung an Stamm und Ästen, die in einem Jahr wächst, wird im gleichen Jahr

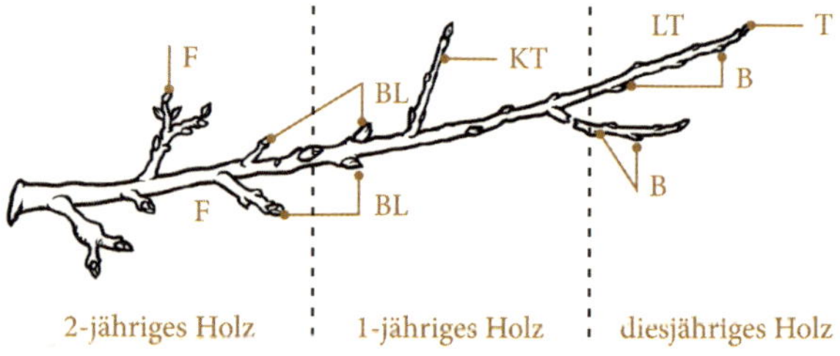

Abb. 2: Triebe und Knospen am Kernobst

LT = Langtrieb *F = Fruchtspieß* *B = Blattknospe*
KT = Kurztrieb *T = Terminalknospe* *BL = Blütenknospe*

„diesjährig" genannt, im darauffolgenden Jahr wird der gleiche Trieb als „einjährig" bezeichnet, im nächsten Jahr als „zweijährig". Die Triebe ohne Blütenknospen sind vegetative (wachsende) Langtriebe, die Triebe mit Blütenknospen sind generative (fruchtende) Kurztriebe. Bei den regenerativen Trieben, auch Wasserreiser genannt, handelt es sich um Nottriebe, die den Baum in die Höhe schießen lassen.

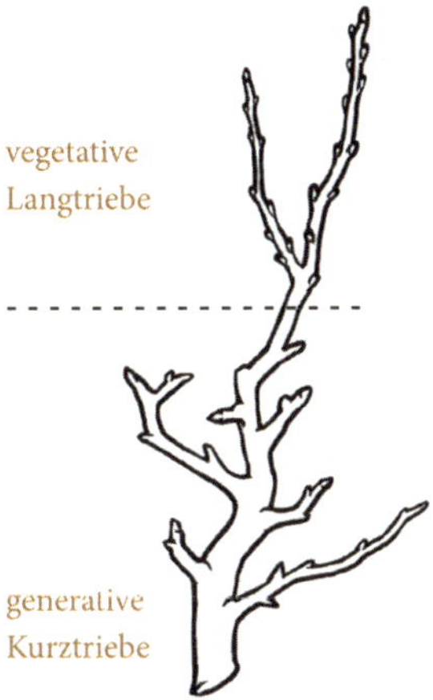

Abb. 3: Generative und vegetative Triebe

Da die köstliche Frucht unser Ziel ist, sorgt der Obstbaumpfleger dafür, dass der Baum generative Triebe anlegt. Eine wirksame

Pinzieren ist eine Alternative zum Schneiden.

Methode hierfür ist das Pinzieren. Darunter versteht man das Kürzen eines grünen, krautigen Triebes. Der frische Trieb wird mit den Fingern abgeknipst. Der sich streckende Neutrieb mit vielleicht 15–20 Blättern wird auf einen Trieb mit 6–10 Blättern verkürzt, der sich in der Folge mehrfach verzweigen wird. Es kommt zum Saftstau, der die vor der Staustelle liegenden Knospen besonders gut mit Nährstoffen versorgt, was wiederum bedeutet, dass sich die Knospen tendenziell zu Blütenknospen entwickeln. Man muss schon sehr genau wissen, in welchem Bereich des Obstbaums das Pinzieren anwendbar ist, nämlich dort, wo ich keine Trieb-, sondern die Fruchtentwicklung fördern will. Das geschieht an der Mittelachse und im peripheren Bereich.

Beim Kernobst, also bei Apfel, Birne und Quitte, bildet der einjährige Trieb kurze Seitentriebe aus, an deren Ende Blütenknospen angelegt werden, die am zweijährigen Trieb blühen und Früchte entwickeln.

Diesjährig: Holz | Einjährig: Blütenknospen | Zweijährig: Früchte

Das ist der Zyklus des Wachsens und Fruchtens beim Kernobst. Es gibt aber Ausnahmen, nämlich Apfelsorten (Boskoop und Topaz) mit Blütenknospen am diesjährigen Trieb und Früchten am einjährigen.

Das Steinobst, also Sauerkirschen (Weichseln), Süßkirschen, Zwetschken, Marillen, Pfirsiche und Kriecherl (Mirabellen), bildet die Blütenknospen im Fall von Sauerkirsche und Pfirsich am vegetativen Langtrieb, sonst aber auch wie das Kernobst am mehrjährigen

Trieb. Anders als beim Kernobst befinden sich die Blütenknospen nicht endständig, sondern seitlich.

DIE KNOSPEN – AUCH AUGEN GENANNT – WERDEN IN VERSCHIEDENE ARTEN EINGETEILT:

Blatt- oder Holzknospen bergen die Sprossanlage für einen Trieb mit mehreren Blättern. Sie sind kleiner als die Blütenknospen, meist schmal und spitz.

Blütenknospen öffnen sich zur Blüte und sind dann von Blättern umringt. Sie sind größer als die Holzknospen, rundlich und oft dick.

Übergangsknospen werden heuer noch keine Blüte hervorbringen, aber vielleicht schon nächstes Jahr. Sie nehmen in Form und Funktion eine Stellung zwischen Holz- und Blütenknospen ein.

Terminalknospen befinden sich am Ende des Langtriebes. Sie werden die Sprossverlängerung fortsetzen. Meist sind sie recht groß.

Adventivknospen und schlafende Augen treiben nur bei Bedarf aus (z. B. beim Verlust von Kronenteilen). Sie sind klein und oft gar nicht zu sehen.

Die Differenzierung der Knospen, also die Entscheidung, zu welcher Knospe sich die Sprossanlage entwickelt, geschieht in der Zeit von

Juni bis August. Die Differenzierung hängt von Lage und Versorgung ab. Für den Obstbaumpfleger ist es natürlich wichtig, die Knospen unterscheiden zu können, um gezielt die richtigen wegzuschneiden bzw. zu erhalten.

Blattknospe

Blütenknospe

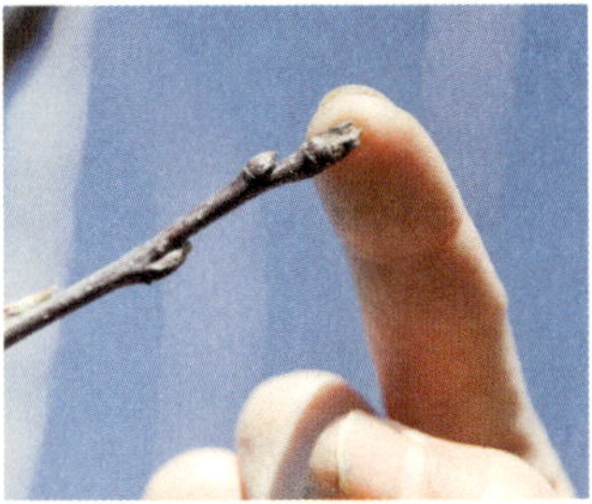

Terminalknospe

Übergangsknospe

Es wäre ganz und gar verkehrt, einem Baum mit geringem Blütenknospenbesatz seine wenigen Blütenanlagen wegzuschneiden. Hingegen darf einem Baum mit starkem Blütenknospenbesatz ein Teil seiner Blütenanlagen genommen werden. Hier wirkt ein Schnitt regulierend, reduziert die Fruchtleistung und mindert die Alternanz. Es gilt der Grundsatz:

Starker Blütenbesatz: schneiden
Schwacher Blütenbesatz: nicht oder wenig schneiden

DIE WICHTIGSTEN WUCHSGESETZE

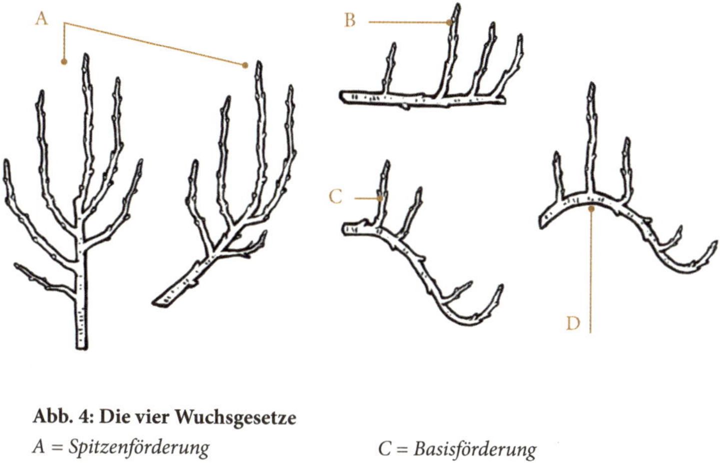

Abb. 4: Die vier Wuchsgesetze

A = Spitzenförderung
B = Oberseitenförderung
C = Basisförderung
D = Scheitelpunktförderung

Die Wachstumsprozesse im Baum werden durch Hormone gesteuert. Das ist ein komplexes Geschehen. Der Erwerbsobstbau greift gezielt – wen wundert's? – mit Hormongaben in die Fruchtausbildung ein. Jedenfalls ist die Hormonsteuerung die Grundlage für Wuchsgesetze, die zu kennen sich lohnt.

Das Gesetz von der Spitzenförderung

Die obersten Sprossanlagen werden im Baum bevorzugt. Es sind immer die Spitzen, die wachsen. Je weiter oben, desto mehr Energie fließt dorthin.

Das Gesetz von der Oberseitenförderung

Die Knospen der Astoberseite nehmen eine bevorzugte Stellung ein. Steht ein Ast waagrecht, wird er vielfach nach oben wachsen und kaum noch in die Länge.

Das Gesetz von der Basisförderung

Neigt sich ein Ast, wird eine Knospe, die nahe seiner Basis liegt, austreiben. Was absinkt, wird vom Baum vernachlässigt. Die vergleichsweise oberste Knospe – nahe der Astbasis – wird gefördert.

Das Gesetz von der Scheitelpunktförderung

Durch die Last des Fruchtbehangs biegt sich ein Ast nach unten. Am obersten Punkt dieses Fruchtbogens wird der Ast im Jahr darauf austreiben. Dieses Gesetz ist eigentlich eine Auslegung der Spitzenförderung.

Die bei einem Obstbaum vorherrschenden Gesetzmäßigkeiten lassen sich wie folgt zusammenfassen:

Was steil steht, wächst. Was flach steht, trägt.
Was absinkt, verkümmert.

Die Kunst des Obstbaumschnitts

WERKZEUGE, DIE SIE BENÖTIGEN:

Verwenden Sie am besten eine selbststehende, dreigliedrige Sechs- bis Neunsprossenleiter.

Die Astschere, auch Gartenschere, ist eine zerlegbare Bypassschere, um sie besser schärfen zu können.

Die Baumsäge ist eine Klappsäge mit sehr scharfen Zähnen, die bei der geringsten Berührung Verletzungen verursachen.

Die Bügelsäge hat den Vorteil, dass ihr Sägeblatt verstellbar ist. So lässt sich der Schnittwinkel dem Erfordernis anpassen und man sägt bequem in jeder Astgabel.

Ein scharfes Messer wird oft gebraucht, zum Nachschneiden von gesägten Schnitten oder zum Abschneiden der Schnur.

Die Schneidgiraffe bringt eine sehr brauchbare Arbeitserleichterung. Erkennen Sie bei einer abschließenden Begutachtung Ihres Eingriffs noch störende Zweige im oberen Kronenbereich, müssen Sie nicht noch einmal auf die Leiter steigen, sondern arbeiten vom Boden aus.

Spreizhölzer und **Schnur** werden zum Formieren benötigt. Mit der Feinsäge sägen Sie die Spreizholzstücke zurecht.

FELCO

FELCO 600

WAS SIE SONST NOCH BRAUCHEN:

Handschuhe schützen Ihre Hände. Die Arbeitsweise wechselt mehrfach am Baum und im Baum. Alles kein Problem, wenn Sie einen Werkzeuggürtel benutzen! Um sauber und effizient arbeiten zu können, brauchen Sie gut geschärfte Klingen. Schleifstein und Wasser kommen laufend zum Einsatz. Mit Stahlwolle lassen sich die Klingen von Messer und Säge zwischendurch reinigen, da Pflanzensäfte Rückstände hinterlassen. Um tierische Schädlinge entdecken und bestimmen zu können, ist eine Lupe angebracht. Desinfektion ist ein Muss. Das geeignete Mittel (z. B. Gigasept) kaufen Sie in der Apotheke. Es ist unerlässlich, der Hygiene große Bedeutung zukommen zu lassen. Es wäre äußerst kontraproduktiv, mit unsauberem, kontaminiertem Werkzeug die Übertragung von Baumkrankheiten zu riskieren. Nur die konsequente Desinfektion mindert das Übertragungsrisiko. Nicht nur der hochansteckende Feuerbranderreger verlangt Vorsichtsmaßnahmen, die Hygienevorkehrungen müssen einfach Standard in der Baumpflege sein. Die Sprühflasche mit dem Desinfektionsmittel muss ständig zur Anwendung kommen: Bei jedem Wechsel von einem

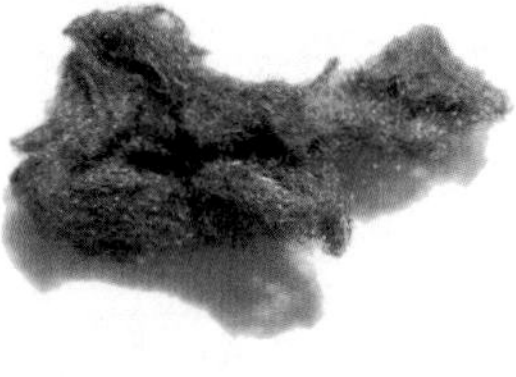

Stahlwolle

Handschuh

Baum zum anderen! Bei der Arbeit an einem Baum, der Krebsstellen, Triebsterben, Pilzinfektionen und andere sichtbare Krankheitsbilder aufweist! Ein verantwortungsbewusster Baumwart sprüht sogar die Schuhsohlen beim Wechsel in einen anderen Garten ab.

Gerade am Anfang Ihrer Baumwarttätigkeit kann es passieren, dass Blut fließt. Die Zähne der Baumsäge sind brutal aggressiv, das Messer ist extrem scharf. Also seien Sie vorsichtig! Sie sollten etwas für die Erste Hilfe dabeihaben.

Sie haben alle Ihre Geräte und Ausrüstungsgegenstände in einem Koffer verstaut, die Leiter, die Latten und das Desinfektionsmittel sind in Reichweite, Sie schnallen sich den Gürtel um, bringen daran Schere, Säge und Messer unter – los geht's!

Übrigens: Wundverschlussmittel werden bei Obstbäumen nicht mehr verwendet. Wissenschaftliche Untersuchungen bestätigten die Ansicht, dass der Auftrag eines Wundverschlussmittels eher nachteilig ist, weil das darunterliegende Milieu das Pilzwachstum eher fördert als hemmt.

DIE UNTERSCHIEDLICHEN SCHNITTTECHNIKEN

„Schneiden heißt Wachstum!" So lautet eine baumwärterische Binsenweisheit. Wenn Sie schneiden, reagiert der Baum im selben oder nächsten Jahr auf den Schnitt. Reagiert er zu stark, wissen Sie, dass Sie das nächste Mal weniger wegschneiden oder anders schneiden. Reagiert Ihr Obstbaum jedoch kaum auf Ihren Schnitt, wissen Sie, dass Sie das nächste Mal mehr wegschneiden und die Schnittintensität erhöhen dürfen.

Jeder Obstbaum mit der großen Krone eines Hochstamms unterliegt den gleichen Gesichtspunkten und Regeln bezüglich Schnitt und Pflege, egal ob Kernobst oder Steinobst. Ein hochstämmiger Apfelbaum wird im Großen und Ganzen gleich geschnitten wie ein hochstämmiger Birn-, Zwetschken- oder Kirschbaum.

Das Schneiden umfasst im Wesentlichen zwei Begriffe: wegschneiden und anschneiden. Beim Wegschneiden wird ein Trieb – das ist sowohl ein Zweig als auch ein Ast – zur Gänze entfernt. Beim Anschneiden wird nur ein Teil des Triebes entfernt. Es wird knapp über einem Auge (auch Knospe) geschnitten. Es kann „lang" oder auch „kurz" geschnitten werden.

Wegschneiden

Das Wegschneiden ist immer auch ein Umlenken des Saftstroms. Man spricht vom „Ableiten". Der Saftstrom ist die aufwärts strebende Energie des Obstbaums, die mit Nährstoffen angereicherte Flüssigkeit in den Leitungsbahnen, die von den Wurzeln zu allen verholzten und krautigen Trieben bis zu den Blättern „gepumpt",

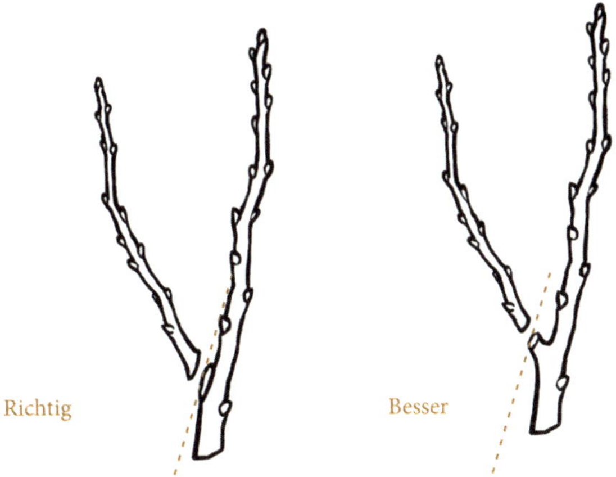

Abb. 5: Wegschneiden

vielmehr gezogen wird. Mit Ableiten ist gemeint, dass der Versorgungsstrom vom wegfallenden Teil zum verbleibenden Trieb hingeleitet wird und dadurch mehr abbekommt. Richtigerweise bewegt sich der Saftstrom nicht nur von unten nach oben, er fließt auch von oben nach unten. Nämlich dann, wenn in der Vegetationszeit die Blätter arbeiten und die Assimilate, die in den Blattfabriken erzeugten Substanzen, direkt den Sprossen und Früchten zur Verfügung stellen.

Anschneiden

Das Anschneiden bedeutet einen Saftstau. Denn der Saftstrom wird nicht umgeleitet, sondern drückt förmlich gegen die Schnitt-

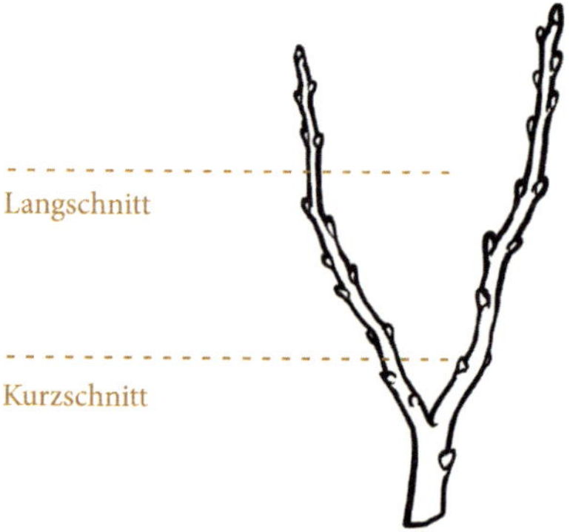

Abb. 6: Anschneiden kurz und lang

stelle. Die letzten Knospen des verbleibenden Triebes werden dadurch übcr dic Maßcn mit Nährstoffen versorgt. Das bewirkt ein Austreiben von angelegten und mitunter sogar von schlafenden Knospen und der angeschnittene Trieb wird sich mehr oder weniger stark verzweigen. Sichtbar werden die Folgen einer Schnittmaßnahme mit vielen angeschnittenen Trieben, wenn der Obstbaum einem Besen gleicht und eine dichte Neutriebbildung zeigt.

Die Handhabung der Astschere und der Baumsäge soll so erfolgen, dass sich die Folgen der Verletzung in Grenzen halten. Weder Quetschungen noch Ausrisse sollen die Wundverheilung negativ beeinflussen. Der glatte Schnitt an der richtigen Stelle muss das Anliegen des Obstbaumliebhabers sein. Amputationen und Stummelschnitt zeugen von Unkenntnis.

SO GEHT ES:

Mit der Astschere werden Triebe bis 25 mm Stärke entweder am Ansatz weggeschnitten oder knapp über dem Auge angeschnitten.

So hält man die Astschere richtig.

Die Astschere wird so gehalten, dass die Klinge zum verbleibenden Teil zeigt. Das erlaubt den exakten und knappen Schnitt.

Auch das Sägen will gelernt sein! Stärkere Äste werden mit drei Schnitten entfernt. Ganz wichtig ist es, dem Baum seinen Astring zu belassen. Der Astring ist manchmal als Verdickung am Astansatz zu erkennen, oft aber auch nur zu erahnen. In diesem Bereich entwickelt der Baum bevorzugt das Wundgewebe, mit dem er die Schnittstelle verschließt. Die Gefahr, dass der geschnittene Ast die

Rinde beim Wegbrechen mitreißt, ist groß, wenn mit einem einzigen Schnitt gearbeitet wird. Eine hässliche Wunde wäre die Folge.

Der erste Schnitt erfolgt von unten.

Der zweite Schnitt von oben.

So sieht das optimale Ergebnis aus.

Stummel abschneiden.

Mit einem scharfen Messer glätten.

VOM RICHTIGEN ZEITPUNKT

Wie oft soll man Obstbäume schneiden und vor allem wann? Hier gibt es einfache Regeln. Soll heißen, jedes Jahr, geplant oder nach Bedarf. Bleiben Sie in Kontakt mit Ihrem Baum. Ein Schnitt ist Ihre spezielle Form der Zuwendung, denn Sie wollen Ihrem Baum Gutes tun. Sie betrachten ihn, Sie entdecken ein abgebrochenes Zweiglein, Sie sehen den Beginn einer krebsigen Verdickung, Sie beobachten die naschenden Meisen und bemerken dadurch eine Blattlauskolonie, nehmen die kreuzende Stellung zweier Äste wahr und werden das Scheuern verhindern wollen. Ihrer Aufmerksamkeit entgeht nichts und so gibt es immer etwas zu schneiden. Auch wenn Sie nicht so viel Zeit erübrigen können und Ihr Baum gut in Form ist, ist es nach drei Jahren dann doch wieder einmal notwendig, etwas auszulichten, zu korrigieren oder für Verjüngung zu sorgen.

Meist werden Obstbäume im Winter geschnitten, weil dieser Zeitpunkt einer bäuerlichen Tradition entspringt. Denn früher hatten die Bauern im Winter dafür am besten Zeit. Für eine Obstbaukultur außerhalb der agrarischen Produktion fällt das Argument für den Winterschnitt nicht mehr so stark ins Gewicht. Wir können heute die Richtigkeit des Schnittzeitpunktes anderen Blickwinkeln unterordnen. Wir berücksichtigen biologische Faktoren und die Beurteilung der Nutzbarkeit. Geht es mir um knackige Früchte, geht es mir um den Erhalt des Baumes als Ankerpunkt meiner Hängematte oder steht die Zierfunktion im Vordergrund?

Die Beantwortung der Frage des „richtigen“ Schnitttermins lässt sich auf zwei einfache Fragen reduzieren:

Will ich, dass der Obstbaum wächst? → Winterschnitt
Will ich das Wachstum des Obstbaums bremsen? → Sommerschnitt

Der Winterschnitt fördert das Baumwachstum

Je früher im Jahr der Obstbaum geschnitten wird, desto stärker wird er wachsen. Denn der Baum hat die Reservestoffe des Vorjahres eingelagert. Im Jänner befinden sich diese noch zentral im Baum, im Februar dringen sie schon weiter in die Peripherie vor, im März werden sie schon alle, auch die äußeren Knospen erreicht haben. Werden die peripheren Bereiche im Jänner weggeschnitten, verliert der Baum nichts von seiner Kraft. Den verbleibenden Knospen stehen hundert Prozent der Energie zur Verfügung. Weniger Knospen haben umso mehr Energie und werden umso stärker austreiben. Anders im März, jetzt erhalten die verbleibenden Knospen nach dem Schnitt nur noch einen Teil der vorhandenen Energie, der andere Teil ist mit den weggeschnittenen Knospen verloren gegangen. Weniger Knospen haben weniger Energie zur Verfügung und werden weniger stark austreiben. In jedem Fall wird beim Winterschnitt aber das Wachstum angeregt. Der Baum wird versuchen, den Verlust seines Holzes wieder auszugleichen. Der Kampf um Licht und Raum ist Ausdruck seiner Vitalität.

Dort, wo sich der Saft staut, wird sich der Baumkörper nach oben ausdehnen.

Der Sommerschnitt bremst das Baumwachstum

Der Sommerschnitt wird vielsagend als Grünschnitt bezeichnet. Der Baum verliert dadurch auch einen Teil seiner Blattmasse. Der Verlust der Blätter setzt die Erzeugung von Nährstoffen herab. Der Baum kann sich selbst weniger gut versorgen, alle Triebe, auch die Wurzeln, müssen sich mit weniger Energie begnügen. Er kann nicht so viele Reservestoffe für das nächste Jahr einlagern. Er muss sich in seinem Wachstum zurücknehmen. Der Sommerschnitt bremst daher das Baumwachstum.

Der Obstbaumschnitt nach dem Mondkalender

Ein Spezialkapitel des Schnitttermins ist das Schneiden nach dem Mondkalender. Die Überlegungen in diesem Zusammenhang zielen auf ein Schneiden bei absteigendem Mond ab. Seriöserweise sei angemerkt, dass es keinen wissenschaftlich belegten Nachweis für die wachstumsbeeinflussende Wirkung des Mondes gibt. Aber was heißt das schon! Manche Naturliebhaber sind von der Kraft des Mondes überzeugt und richten sich bei der Gartenarbeit nach den Mondphasen. Bitte entscheiden Sie selbst, wie Sie es damit halten möchten.

Der umstrittene Herbstschnitt

Vom so beliebten Obstbaumschnitt im Herbst halte ich wenig. Warum schneidet man den Obstbaum im Herbst, wenn er sich gerade auf die Winterruhe einstellt? Was fängt er an mit den Wunden, die ihm jetzt zugefügt werden? Er hat nicht mehr die Kraft, sich um eine ausreichende Wundversorgung zu kümmern. Die Schnittstellen bleiben offen bis zum nächsten Frühjahr. Das ist äußerst ungünstig!

Der Winterschnitt fördert das Baumwachstum.

DIE REGELN DES OBSTBAUMSCHNITTS AUF EINEN BLICK:

Jeder Obstbaum gibt selbst den richtigen Zeitpunkt für den Schnitt vor. Fassen wir zusammen:

- Soll das Wachstum angeregt werden, wie bei einem jungen Baum, der eine kräftige Krone entwickeln soll, wird sehr früh im Jahr, aber nach der Zeit starker Fröste geschnitten. Das Gleiche gilt für einen alten, vergreisten Baum, der noch einmal verjüngt wird.
- Steht ein Obstbaum vor mir, der mit Blütenknospen übersät ist, werde ich ebenfalls am Beginn der Vegetationsperiode zur Astschere greifen.
- Soll das Wachstum gebremst werden, weil der Baum ohnehin immer stark austreibt oder weil der Baum im letzten Jahr allzu forsch geschnitten wurde, wird erst später im Jahr geschnitten, nachdem der Baum sein Wachstum eingestellt hat, ab Juli bis Mitte September.
- Steht ein Obstbaum vor mir, der nur wenige Blütenknospen angesetzt hat, werde ich erst einmal nicht zur Astschere greifen, höchstens im Sommer, um ein wenig auszulichten.

WELCHE BÄUME WERDEN GESCHNITTEN?

Es wird jener Baum geschnitten, der einen Schnitt braucht. Ausschlaggebend dafür ist immer die Frage der Nutzbarkeit. Es macht einen Unterschied, ob mein Baum in erster Linie Schatten spendet oder ob ich erstklassiges Obst ernten möchte. Abgesehen davon tut jedem Baum ein regelmäßiger Schnitt gut, um seine Lebensdauer zu erhöhen.

Auf alle Fälle wird ein Jungbaum geschnitten. Es ist unerlässlich, in den ersten Jahren der Standzeit eines Obstbaums auf seine Erziehung zu achten. Der Aufwand ist in dieser Entwicklungsphase gar nicht hoch, der dadurch erzielte Gewinn aber umso höher.

Der Obstbaum im Ertragsalter braucht den Schnitt, um den Ertrag zu sichern und die Ertragsdauer zu verlängern.

Steht da ein alter Obstbaum in schlechtem Zustand, schreit er förmlich nach einem Schnitt. Es kann um sein Überleben gehen. Denn Mangelerscheinungen, Krankheitsbefall, Schädlingsdruck, Fruchtlosigkeit, Wuchsanomalien usw. werden ihn nicht alt werden lassen oder nichts zur Arterhaltung, sprich Fruchtbildung, beitragen. So eine bedauernswerte Kreatur kann darunter leiden, dass sie – vielleicht mehrmals – zu stark und nicht fachmännisch geschnitten wurde, dass sie erschöpft und vergreist ist, dass sie fault und sonst wie dahinsiecht. Eine umfassende Pflege – und das ist dann nicht nur ein Schnitt, aber auch! – ist notwendig.

Ein weiteres Kriterium für den Obstbaumschnitt ist der Besatz mit Blütenknospen. Ein Baum, der reichlich bis überreichlich Blütenknospen angesetzt hat, darf ohne Bedenken geschnitten werden. Der Fruchtbehang wäre so groß, dass das physiologische Gleichgewicht gestört wäre. Der Baum würde, je nach Sorte, verstärkt zur Alternanz neigen, Erschöpfung und Vergreisung würden im Laufe der Jahre eintreten. Seien Sie aber vorsichtig bei einem Obstbaum, der nur wenige Blütenknospen angesetzt hat. Schneiden Sie einen solchen nicht oder nur sehr moderat.

Ein Gedankenexperiment:

In Ihrem Garten steht ein Apfelbaum, wie es Hunderte seiner Art gibt. Er wurde vor 15 Jahren beim Einzug ins neue Haus gepflanzt. Vor drei Jahren wurde er vom Herrn des Hauses geschnitten. Das war eine fragwürdige Angelegenheit und ist nicht wiederholt worden. „Er wächst ohnehin von selbst und ein paar Äpfel trägt er auch!“ Stimmt schon, letztes Jahr ergab die Ernte wieder so viele Früchte, dass zwei Mal ein Apfelstrudel gemacht werden konnte, und die Kinder hatten ein paar frische Äpfel, die gar nicht so schlecht schmeckten. Man hat gar nicht alles abgeerntet, einige Mumien hingen im Winter bis ins Frühjahr am Baum. Vor zwei Jahren war gar nichts drauf, da ist er nur stark gewachsen. In manchen Jahren hatte es der Baum mit Blattläusen zu tun, auch die Blätter zieren braune Flecken.

Dieser Apfelbaum wird eindeutig vernachlässigt. Er hat nie eine Erziehung erfahren und die einzige Schnittmaßnahme war gut gemeint, aber vermutlich etwas zu engagiert. Der Baum ist sich selbst überlassen und kämpft. Sein Kampf gegen die vernichtenden Kräfte der Natur ist schier aussichtslos, seine Gesundheit wird immer nur eine eingeschränkte sein und er wird nicht die Enkelkinder mit einer Menge wohlschmeckender Früchte erfreuen. Zumal die Baumbesitzer ihren Teil für sein Dahinvegetieren beitragen, indem sie ihm einmal starke Äste wegschneiden werden, „weil er einfach zu groß geworden ist!" Große Wunden bedeuten Fäulnis und Verlust von Wurzelmasse, was den Baum zusätzlich schwächt.

Jetzt aber wird alles anders werden. Denn Sie erkennen seine Not und sind bereit, etwas dagegen zu tun. Sie studieren dieses Buch und fassen sich ein Herz. Jetzt wird geschnitten, aber richtig und nicht nur ein einziges Mal!

Beginnen wir bei diesem Apfelbaum damit, dass wir seine Krone mit Sonnenlicht versorgen. Auch sein Inneres soll besonnt sein und gut belüftet werden. Dem Schorf behagt es dann gleich viel weniger, denn der mag es dunkel und feucht. Es ist diese Pilzerkrankung, die die braunen Flecken auf Blättern und Früchten hervorruft. Und wenn dann im Herbst die Äpfel dranhängen, sollen sie auch besonnt werden, um auszureifen, Geschmack und Aroma zu entwickeln.

Das Öffnen der Krone beginnt oben. Wir nehmen ein paar stärkere Äste – mit einem Durchmesser von fünf oder sechs Zentimeter – heraus, schneiden sie mit der Astsäge am Stamm weg. Wir zwicken einige der jetzt zweijährigen Triebe, die so zahlreich gewachsen sind, nachdem vor drei Jahren viele Triebe angeschnitten worden waren, einfach am Ansatz weg. Vermeiden Sie unbedingt, wieder Triebe anzuschneiden, also irgendwo auf der Trieblänge reinzuzwicken. Sie würden erneut die drei- bis fünffache Holzmenge produzieren. Steil stehende und nach innen wachsende Triebe versperren den Lichtzutritt und blockieren die Belüftung. Sie werden weggeschnitten! Diesen Vorgang nennt man „Auslichten". Dieser Arbeitsschritt bildet die Grundlage für die folgenden. Es ist der Beginn. Und dabei darf es nicht bleiben. Denn wir haben ein Ziel vor Augen: In unserer Vorstellung sehen wir diesen Baum als gesunden, kräftigen, locker aufgebauten, reich tragenden Bilderbuchbaum. Der Kenner wird sagen: „Eine ideale Krone!" Wann verrichten wir diese Arbeit, zu welcher Jahreszeit? Ich würde vorschlagen, am besten im Sommer! Warum? Weil der Baum im Sommer seine Wunden am effizientesten versorgt und der Sommerschnitt das Wachstum beruhigt. Eine Schnittstelle von sechs Zentimetern ist eine große Wunde, mit der der Baum ganz schön zu tun hat. Es wird vier Jahre oder länger dauern, bis er diese Öffnung schließen kann.

Wie geht es also nach dem Auslichten weiter? Wir warten ab! Haben Sie Geduld bei Ihrer Arbeit! Die behutsame Arbeitsweise ist der Garant für den Erfolg. Denn mit Ungeduld und allzu forciertem Einsatz würden Sie nur für noch mehr Arbeit sorgen. Sie vollbrachten den ersten Arbeitsschritt im Sommer und begutachten im darauffolgenden Winter Ihre Arbeit. Jetzt haben Sie im unbelaubten Zustand einen guten Überblick. Mit der Vorstellung von der idealen Krone versuchen Sie einen Mitteltrieb und drei oder vier Leitäste bei Ihrem Baum auszumachen. Das ist nicht immer

leicht, besonders der passende Mitteltrieb ist nicht immer zu finden. Aber Sie treffen eine Entscheidung und konzentrieren sich nun auf das Herausarbeiten dieser Leittriebe. Die Spitzen der Leittriebe werden freigestellt, d. h. von Beitrieben befreit. Alle Triebe sind den Leittrieben untergeordnet und werden deutlich entsprechend ihrer Stellung abgeleitet. Der Mitteltrieb wird zunehmend ausgedünnt. Einzelne starke Äste werden ganz herausgenommen oder aber auf flach stehende Nebentriebe abgeleitet. Der Mitteltrieb ist letztlich ein gut garnierter Leittrieb ausschließlich mit Fruchtholz. Die Spitze wächst, alles andere fruchtet.

Gesetzt den Fall, Sie haben Ihre Arbeit im Winter oder Frühjahr begonnen, werden Sie mit starker Neutriebbildung bereits im Mai rechnen müssen. Umso wichtiger ist nun schon die Nachbehandlung, die bedeutet, die ersten Triebe, die im Mai wachsen, im grünen, krautigen Zustand wegzureißen. Man spricht vom „Mairiss". Der Sommerschnitt würde Ihre Arbeit vom Winter fortsetzen: Weiter auslichten und bereits die Neugestaltung andenken und einleiten, indem Sie Leitastspitzen freistellen und Seitenäste ableiten.

Wichtig ist die Reduzierung der zweijährigen Triebe. Von fünf werden bis auf einen oder zwei alle entfernt. Nur die am günstigsten stehenden, nach außen und flach wachsenden, werden gelassen, wie sie sind. Das kann eine Menge Arbeit sein. Auch im nächsten Jahr wird die Arbeit in dieser Weise fortgesetzt: Reduzierung des Kronenvolumens mit dem Aufbau eines lockeren, licht-

Ende Mai reißt man unverholzte Triebe weg.

durchfluteten Kronengerüsts, das letztlich deutlich die Einteilung in tragende und fruchtende Bereiche zeigt.

An diesem Beispiel sehen wir, dass eine verabsäumte Erziehung nachgeholt werden kann, wenngleich mit erheblichem Aufwand. Der Pflanzschnitt wurde verabsäumt. Der nachgeholte Erziehungsschnitt ging über in den Erhaltungsschnitt. Sehen wir uns nun die Schnittarten im Einzelnen genauer an.

DIE VERSCHIEDENEN SCHNITTARTEN

Beim Schnitt von Hochstamm- und Halbstammbäumen haben wir die ideale Krone vor Augen. Das ist nach dem gegenwärtigen Stand der Technik bei Kern- und Steinobst die sogenannte „Öschbergkrone". Sie besteht aus einem Mitteltrieb und drei bis vier Leitästen. Mitteltrieb und Leitäste sind gleichwertig und bilden das Gerüst des Obstbaums. Dieses starke Gerüst behält der Baum ein Leben lang und trägt das regelmäßig zu erneuernde Fruchtholz.

Um den Obstbaum von Beginn an auf Kurs zu bringen, wird er nach der Pflanzung auf seine Grundelemente reduziert. Um die Krone aufzubauen, wird der Baum durch Schnitt erzogen. Um nach erfolgter Erziehung den Baum in Form zu halten, wird die Krone durch Schnitt erhalten. Geht der Baum nach der Ertragsphase allmählich in die Altersphase über, wird er verjüngt.

Beim Hoch- und Halbstamm praktizieren wir also im Wesentlichen vier Schnittarten:

PFLANZSCHNITT

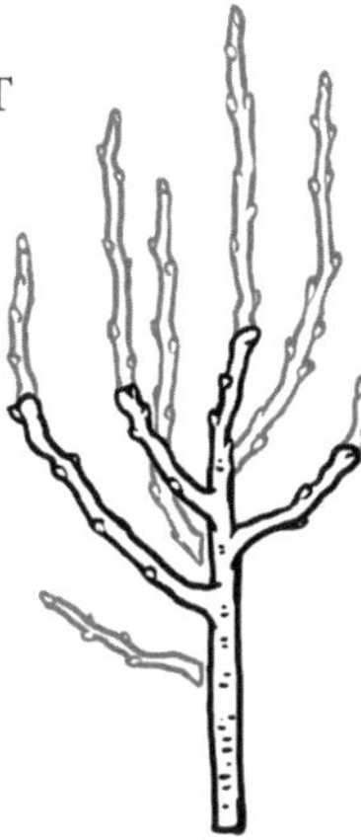

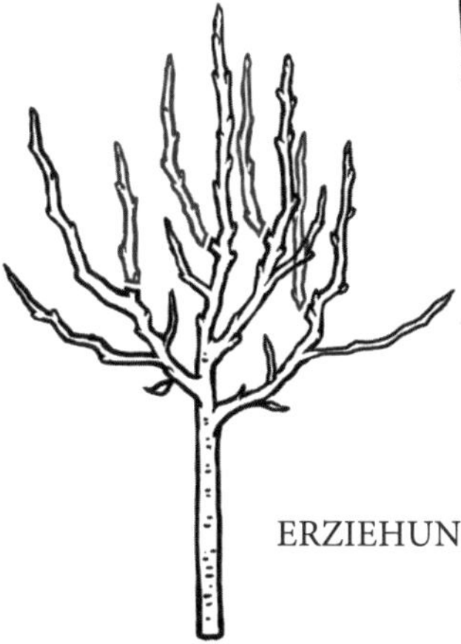

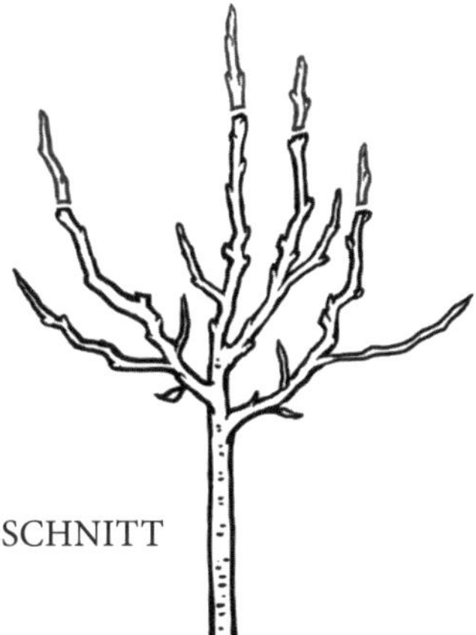

ERZIEHUNGSSCHNITT

ERHALTUNGSSCHNITT

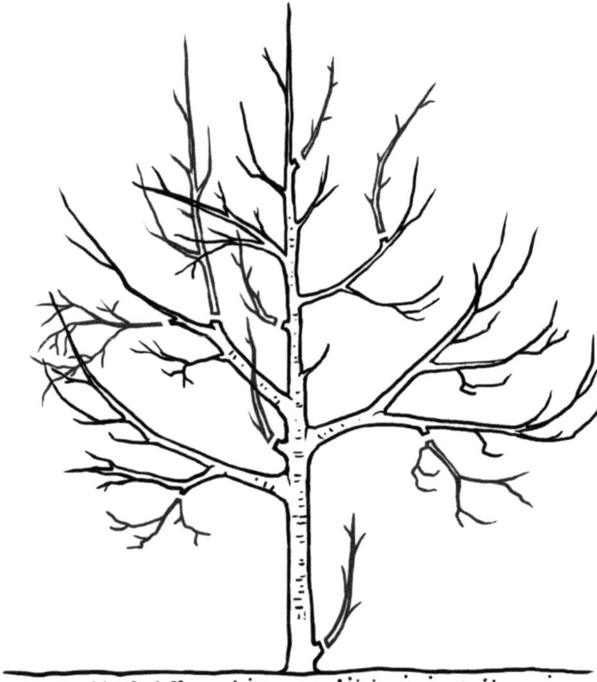

VERJÜNGUNGSSCHNITT

Binden heißt formieren.

Der Pflanzschnitt

Ein im Herbst gesetzter Obstbaum wird im darauffolgenden Spätwinter das erste Mal geschnitten, der im Frühjahr gepflanzte Baum unmittelbar nach der Pflanzung. Man wählt einen Mitteltrieb und drei bis vier Leittriebe aus. Die Leittriebe sind an der Mittelachse gleichmäßig in alle vier Himmelsrichtungen verteilt und bestenfalls auch in der Höhe versetzt. Ist diese Anordnung nicht in ge-

Was zu tief steht,
wird hochgebunden.

wünschter Weise gegeben, besteht die Möglichkeit, im nächsten Jahr einen besser platzierten Trieb als Leittrieb festzulegen. Die Triebe werden formiert! Steht ein zukünftiger Leittrieb zu steil, wird er mit einem Hölzchen weggespreizt, ist er zu flach, wird er hochgebunden. Ein Winkel von 45 Grad ist optimal. Der Mitteltrieb und die Leittriebe werden eingekürzt, und zwar nicht zu knapp. Triebe, die nicht ins Konzept passen, werden weggeschnitten. Geschnitten werden sämtliche Leittriebe auf eine nach außen zeigende Knospe und in ziemlich gleicher Höhe. Die gleiche Höhe gewährleistet eine gleiche Versorgung und somit eine gleichwertige Entwicklung. Der Mitteltrieb soll auch in Zukunft die Baummitte bleiben. Dessen oberste Knospe soll alle anderen Knospen überragen. Er wird etwas oberhalb der Leittriebe angeschnitten. Die Stellung der obersten Mitteltriebknospe soll so platziert sein, dass sie den Wuchs mittig fortsetzt. Weht häufig starker Wind aus einer Richtung, bleibt die in Windrichtung stehende Knospe als oberste stehen. Jeder Obstbaum, der als Hoch- oder Halbstammkrone erzogen werden soll, Kern- wie Steinobst, erhält den Pflanzschnitt in der beschriebenen Weise.

Noch ein Tipp: Ein Jungbaum ist immer dankbar für einen Pfahl zum Anhalten und eine offene Baumscheibe, die noch dazu eine Mulchschicht erhält. Die Befestigung am Pfahl verhindert eine Bewegung in der Erde, die Wurzeln abreißen lässt. Die offene Baumscheibe gewährleistet die Alleinherrschaft des Obstbaums im Kampf um Nährstoffe.

Ein Pfahl bietet dem Baum den idealen Schutz.

Beim Formieren ist ein Winkel von 45 Grad optimal.

Das eingekerbte Spreizholz

Fixieren des Spreizholzes

Der Erziehungsschnitt

Nach dem Pflanzschnitt wird ein Jahr lang nicht geschnitten. In dieser Entwicklungsphase geht es einzig um den Kronenaufbau. Der Baum soll kräftig wachsen, daher liegt unser Augenmerk auf den Leitästen. Nur sie werden nun jedes Jahr eingekürzt, dies geschieht schon früh im Jahr, weil es um Wachstum geht, um das starke Gerüst. Andere Triebe sind meist unpassend und werden deswegen entfernt, vor allem die oberseitigen und nach innen wachsenden.

Der Zeitpunkt des Erziehungsschnitts liegt am Beginn der Vegetationsperiode. Man kann nach den starken Frösten im Jänner mit dem Schnitt beginnen. Ansonsten ist in den ersten Jahren, was den Schnitt betrifft, nichts zu tun. Der Aufwand ist gering, aber Sie müssen mit viel Arbeit rechnen, wenn Sie die Erziehung des Jungbaums vernachlässigen.

Ändern Sie die Strategie vom kräftigen Einkürzen, wenn Sie feststellen, dass nur wenige, aber ganz stark wachsende Neutriebe entstehen. Der Baum wird Verzweigungen brauchen, schwache und kurze Triebe, die sich zum künftigen Fruchtholz entwickeln. Um auf Frucht zu schneiden, schneiden Sie länger.

Spätestens im dritten Jahr werden Sie auch auf Seitenäste achten. Ein günstig stehender Trieb, mit einem Abstand von etwa einem halben Meter vom Stamm, nach außen und nicht zu steil wachsend, darf am Leitast bleiben. Er ist diesem in jedem Fall unterge-

Am Ende der Triebe sitzt eine Terminalknospe.

ordnet. Die Endknospe eines Seitenzweiges befindet sich immer unterhalb der obersten Leitastknospe! Je nach Obstart und Sorte ist die Erziehung nach fünf, vielleicht aber auch erst nach zehn Jahren abgeschlossen. Allmählich können Sie dazu übergehen, Korrekturen auch im Sommer vorzunehmen. Einmal ein zu steil stehender oder zu kräftiger Ast an der Mittelachse, einmal ein Seitenast, der viel zu tief abgeht, irgendetwas, das nach innen wächst – das darf entfernt werden, wenn es entdeckt wird, im Juli oder August, wenn der Baum kaum oder gar nicht mehr treibt.

Wenn Sie der Meinung sind, dass Sie eine Krone geformt haben, die klar die Mitte und die starken Leitäste erkennen lässt, freuen Sie sich über Ihren Erfolg. Wenn Sie den Leitästen zutrauen, dass sie stark genug sind, um viele Kilo an Früchten zu tragen, hören Sie damit auf, sie jährlich in ihren Triebverlängerungen einzukürzen. In Zukunft wird es nur noch wichtig sein, die Krone licht zu halten.

Im Großen und Ganzen ist die Erziehung beim Kern- und beim Steinobst die gleiche. Wenngleich gesagt werden muss, dass ein Zwetschkenbaum im Allgemeinen weniger Pflege beansprucht als ein empfindlicher Apfelbaum. Er ist einfach robuster. Auch ein Kirschbaum ist in der Regel pflegeleichter, weil er von selbst eine passable Krone entwickelt. Mit den Grundprinzipien der Kronengestaltung im Kopf helfen Sie lediglich entsprechend nach.

Der Erhaltungsschnitt

Der Übergang zu dieser Schnittart ist fließend. Im Laufe der Zeit wird es neben der Erziehung wichtig werden, den Kronenaufbau luftig zu gestalten. Der Mitteltrieb braucht keine starken Äste, die den darunterliegenden Bereich beschatten würden. Gabelungen am Ende eines Triebes werden immer geöffnet, der richtungsmäßig günstigere, flachere Teil bleibt. Die Krone öffnet sich nach außen und bleibt in ihrem Inneren geräumig.

Mit dem richtigen Schnitt wird die Krone belüftet.

Im Vollertrag steht die Wahrung des physiologischen Gleichgewichts im Vordergrund. Es besteht eine Balance zwischen Ertrag und Neutrieb. So macht sich die Alternanz, die Ernteschwankung, kaum bemerkbar und der Baum bleibt vital. Denn große Erntemengen würden geringen Zuwachs und in der Folge Erschöpfung und Vergreisung bedeuten, während starker Neuwuchs zu einer schwachen Ernte führen würde. Das Regulativ hierfür ist der Besatz mit Blütenknospen, den Sie gut im blattlosen Zustand feststellen können. Natürlich ist es erforderlich, dass Sie die Art der Knospen unterscheiden.

Ist der Obstbaum mit Blütenknospen übersät, darf der Schnitt kräftiger ausfallen. Sind weniger Blütenknospen erkennbar, darf nur zurückhaltend geschnitten werden. Dieses Prinzip ist zu beherzigen!

Beim Erhaltungsschnitt wird es nur noch in Ausnahmefällen vorkommen, dass ein Trieb angeschnitten wird. Die Schnitttechnik ist nunmehr das Wegschneiden und überwiegend das Ableiten. Dichte Bereiche werden mit dem Entfernen der vor allem nach oben und innen wachsenden Triebe und dem Umlenken der Triebe in günstige Richtungen geöffnet.

Es wird auch auf die laufende Verjüngung geachtet. Ältere Bereiche, die schon mehrmals gefruchtet und die Tendenz zum Abknicken haben, werden entfernt, indem auf jüngere abgeleitet wird. Man spricht von der Fruchtholzrotation. Am Gerüst selbst wird nichts mehr gemacht.

Verfahren Sie in der beschriebenen Weise und genießen Sie viele Jahre lang Ihren Erfolg!

Der Verjüngungsschnitt

Nicht vergessen sollte man aber auch, dass der Boden erschöpft und ausgelaugt sein kann und der Baum deshalb eine Extraportion Nährstoffe benötigt. Kompost, Mist, Hornspäne und auch chemischer Dünger, in der richtigen Zusammensetzung und richtig dosiert, können den Baum vor Siechtum bewahren. Wasser in langen Trockenperioden kann lebenswichtig sein.

Nichts kann die natürlichen Prozesse aufhalten: Auch Ihr Baum wird seinen Zenit überschreiten und in das Altersstadium eintreten. Sie haben lange versucht, die Ertragsleistung gemäßigt hoch zu halten, haben sogar die Erschöpfungszustände mit Düngergaben ausgeglichen, haben nach bestem Wissen und Gewissen formiert und geschnitten. Dennoch hat die Wuchsleistung mehr und mehr nachgelassen und die Früchte sind kleiner geworden.

Aber Sie geben noch nicht auf und wollen auch Ihrem Obstbaum noch einmal Mut machen. Sie fassen sich ein Herz und schneiden Ihren Baum kräftiger zurück! Gerade weil Sie bereits Ende Februar arbeiten, lösen Sie bei Ihrem Baum massiv Wuchsreize aus. Der wird noch ein letztes Mal all seine Kräfte mobilisieren und sich gehörig strecken!

Hat auch die Verjüngung nichts gebracht, ist der altehrwürdige Obstbaum an sein Lebensende gekommen, ziehen wir die Rodung und Ersatzpflanzung in Betracht.

ALTERNATIVEN ZUM SCHNEIDEN

Alternativ zum Schneiden gibt es andere Techniken, um das Wachstum des Obstbaums zu beeinflussen, um Triebe zu entfernen, deren Entstehen zu verhindern oder deren Wachstum anzuregen.

Eine sehr effiziente Methode, Neutriebanlagen frühzeitig zu verhindern, bietet das simple **Wegreißen**. Die krautigen Triebe, also die unverholzten Triebe, die nach dem Frühjahrsaustrieb entstehen, werden weggerissen. Das klingt kraftmeierisch, ist aber baumschonend. Die Risswunde verheilt gut und schnell, außerdem werden die schlafenden Knospen am Triebansatz gleich mit-

„Blenden“

„Kerben“

gerissen. Deshalb ist diese Methode, die im Mai, spätestens im Juni zur Anwendung kommen soll, sehr vorteilhaft.

Gestaltend ins Wachstum eingreifen lässt sich durch die gezielte Beseitigung der Knospen. Das Wegknipsen einer Knospe nennt man **„Blenden"**. An der Zweigoberseite befindliche Knospen werden höchstwahrscheinlich entbehrlich sein, mit Sicherheit die nach innen weisende vorletzte Knospe. Was liegt näher, als diese gleich am Beginn der Vegetationsperiode zu entfernen? Der geübte Baumpfleger erledigt das im Handumdrehen beim Winterschnitt. Eine Menge Schneidarbeit ist damit eingespart.

Dort, wo ein Trieb fehlt, an längeren Kahlstellen des jungen Stammes oder eines stärkeren Astes, kann nachgeholfen werden. Ich suche ein Auge, das angelegt, aber nicht entwickelt ist. Oberhalb oder auch unterhalb des Auges durchtrenne ich die Leitungsbahnen. Diese Aktion wird **„Kerben"** genannt. Der Saftstau wird das Auge anregen und zum Austreiben bringen. Sind die Leitungsbahnen unterhalb des Auges durchtrennt, wird sich der Fluss der Assimilate stauen, sind sie oberhalb des Auges durchtrennt, wird sich der aus den Wurzeln kommende Saftstrom stauen. Je nachdem, ob das Kerben im Winter oder im Sommer geschieht, liegt der Kerbschnitt oben oder unten.

Um den Fruchtbehang zu kontrollieren, was ein wichtiger Grundsatz in der Obstbaumpflege ist, greift man auch direkt in das Geschehen der Fruchtentwicklung ein. Dies ist möglich mit der **Beseitigung von Blüten**, aber und insbesondere auch mit dem **Wegpflücken** der jungen Früchte. Diesen Vorgang, der spätestens im Juni ausgeführt wird, nennt man „Fruchtausdünnung".

Der Obstbaum ist das Produkt des Menschen, in seiner Entstehung und in seiner Entwicklung. Verläuft sie ungünstig, hilft man eben nach. Will ein Obstbaum seinem Daseinszweck einfach nicht nachkommen, kann sich nicht entschließen, endlich einmal Früchte anzusetzen, gibt es ein Mittel, ihn umzustimmen. Der Eingeweihte, die Kundige werden diesen Baum **„ringeln"**. Es wird am Stamm oder an einem Leitast ein schmales Rindensegment rundherum entfernt. Das bewirkt, dass die im Innersten der Rinde abwärts fließenden Assimilate der Blätter gestaut werden und dadurch den Verbrauchern dieser Zone zur Verfügung stehen. Blütenknospen werden so überversorgt und können das tun, was sie tun sollen, nämlich Früchte bilden. Sinnvollerweise erfolgt das Ringeln am Beginn des Blattstandes, also im Mai. Es lässt sich nicht bestreiten, dass diese drastische Methode nicht ungefährlich ist. Wird beim Entfernen des Rindenstücks zu weit ins Holz geschnitten, kann die Verletzung zum Absterben des ganzen Baums führen.

ABSCHLIESSENDE WORTE

Das A und O der Obstbaumpflege ist, dass sie geschieht. Sie können nur wenig falsch machen, Fehler lassen sich korrigieren, Sie werden sicherlich vieles richtig machen. Vernachlässigung wäre das Schlimmste für Ihren Baum. Denn, wie gesagt, der Obstbaum ist ein Kulturgut, das ohne unsere Pflege nicht auskommt. Die Ernte wird eine reichliche sein, in vielerlei Hinsicht.

Über den Autor

Erwin Palnstorfer, Jahrgang 1960, ist ausgebildeter Baumwart, Baumpfleger und Waldpädagoge. 2011 entschied sich der gelernte Tischler, seinen Traumberuf zu ergreifen und sich mit seiner Firma „Mann der Bäume“ hauptberuflich um den richtigen Obstbaumschnitt zu kümmern. Er lebt im Salzburger Flachgau.

Gesetzt aus der Minion Pro und Trade Gothic

Medieninhaber, Verleger und Herausgeber:
Red Bull Media House GmbH
Oberst-Lepperdinger-Straße 11–15
5071 Wals bei Salzburg, Österreich

Fotos: Stefan Pfeiffer
Seite 24–25 123rf.com/windu
Illustrationen: Stefan Bachmann
Seite 4 123rf.com/Elena Mikhaylova
Druck: Druckerei Theiss
Umschlaggestaltung: Frank Behrendt, Conny Laue
Umschlagsabbildung: Stefan Pfeiffer
Printed in Austria
ISBN 978-3-7104-0044-5

FSC
www.fsc.org
MIX
Papier aus verantwortungsvollen Quellen
FSC® C012536

1 2 3 4 5 6 7 8 / 18 17 16 15